以湿地为钥，
进入一个有趣的江南！

有趣的 江南湿地

同里湿地探索手册

新生态工作室 同里国家湿地公园 ▪ 主编

中国林业出版社
||‖CF‖PH‖ China Forestry Publishing House

图书在版编目（CIP）数据

有趣的江南湿地：同里湿地探索手册 / 新生态工作室，
同里国家湿地公园主编. -- 北京：中国林业出版社，2021.6
　ISBN 978-7-5219-0959-3

　Ⅰ.①有… Ⅱ.①新…②同… Ⅲ.①沼泽化地-国家公园-
苏州-儿童读物 Ⅳ.①P942.533.78-49

　中国版本图书馆CIP数据核字(2020)第264693号

主编：王原

副主编：袁菁、刘懿

编委：刘姝莹、赵玉玲、陈凯伦、杨丹丹

科学支持：王立龙、周敏军、郭陶然、周科

插画设计：成国强、林悦、何楚欣

视觉装帧：成国强、何楚欣

中国林业出版社·自然保护分社（国家公园分社）

策划与责任编辑　肖静

出版发行　中国林业出版社（北京市西城区刘海胡同7号　100009）
电　　话　010-83143577
印　　刷　河北京平诚乾印刷有限公司
版　　次　2021年6月第1版
印　　次　2021年6月第1次印刷
开　　本　787mm × 1092mm 1/16
印　　张　7.25
字　　数　100千字
定　　价　45.00元

序言

　　湿地对我们来说已不再是一个陌生的概念，它被誉为地球之肾，是与森林、海洋并称的地球三大生态系统之一。湿地孕育了丰富的生物多样性，具有调蓄洪水、涵养水源、调节气候、净化水质等生态功能与文化服务价值，是地球上最富生机与活力的自然财富，更深刻地影响着人们的生活。中国是一个拥有丰富湿地资源的国家，从沿海、河流到内陆的湖泊，不同类型的湿地广泛分布在我国辽阔国土上。湿地专家对各个地方的湿地进行了大量的研究，积累了丰富的湿地故事，值得我们了解和熟知。

　　这套丛书是一次独特的尝试，以童眼看湿地为主题，尝试用儿童的视角，从每个人可以感知的角度，用简单的语言关联科研和大众之间对湿地的理解，去讲述湿地的故事。这套丛书的每一种各自选择中国不同地域具有代表性的国家湿地公园进行介绍，既展现了中国丰富的湿地景观风貌，也从独特性的角度让每个人更加理解身边的湿地。

　　在《有趣的江南湿地——同里湿地探索手册》这本书中，作者从多样的湿地世界中选择了苏州同里国家湿地公园，这是一片位于中国长江三角洲地区太湖流域的湿地。书中使用了一个更为生动的名字来称呼它，叫作"江南湿地"，因为这片土地属于传统意义上被我们中国人理解为"江南"的地理范畴。而江南湿地，也成为我们阅读这本湿地探索手册的重要线索，因为如果把江南和湿地联系起来，或许是一种很有趣的打开"江南"的方式。

湿地是江南自然的底色。你看，每当春风又绿江南岸的时节，顺着那一条条水路延展出去，水网交织，湖荡连绵，江南不就是一个湿地的世界吗？春天拟鼠麹草最早从覆盖着积雪的沼泽中冒头，夏季暴雨后白鹭的鸣声在水边森林里此起彼伏，秋天的湖荡岸边金黄的芦苇随风摆荡，冬天的湖面上一群绿头鸭在鸣叫中飞满天空……湿地的四季总是生机勃勃，当我们离开城市，奔赴同里湿地的时候，总会和这样的景象邂逅。

湿地也是江南人文的源头。就在这片"一行白鹭上青天"的湿地上，我们的先人开始定居生活，他们垦荒圩田，耕作生活，形成聚落，逐渐发展至今。同里湿地所在的太湖流域，分布着大大小小的城镇和乡村，它们走过千年的历史，留下无数的文化篇章，从两千年前的"采薇采薇，薇亦作止"，到水乡人人哼唱的"摇啊摇，摇到外婆桥"……不仅是诗歌，在这里依水而生的人们，更衍生出一整套与湿地相伴的生活智慧。

当你打开这本书的时候，从"凡趣人间江南地"开始，作者希望带你一步步走进同里湿地——这处充满江南韵味的湿地世界。书中遴选出在这片湿地中常见而又独具特色的湿地符号，从"栖居在湿地"的水乡人，到湿地沼泽中生长的"野草宝藏"；从同里深处隐秘的"水上森林"，到一望无边的湖泊中停留的"泽国精灵"……当你依次与江南湿地的水乡、野草、森林、候鸟相遇时，虽然看到的不是湿地的全貌，但希望你因此能获得一双重新去发现湿地并把湿地与我们经常提及的生活相联系的眼睛。

在这本书的背后，是一群希望把湿地传递给你的创作者和编辑团队。这里面有湿地的科研工作者，有文笔隽永的写作者，也有充满创意、画出众多趣味湿地形象的插画家……他们还有一个共同的身份，那就是湿地的守护者。我同样希望你也成为其中的一员。那么首先，我想，可以先从认识和理解这片湿地开始。江南湿地超有趣——如果有一天你来到同里湿地时，会产生这样的想法，那就是对这本书最好的认同。

作为一名生态学者，我期待越来越多的湿地守护者能够加入进来，以多元化的讲述方式去展现那些各具特色的湿地故事。

是为序。

中国科学院生态环境研究中心 欧阳志云

2020年12月于北京

前言

　　江南，一个能够调动人们想象力的字眼。它究竟是什么样的，是白墙黑瓦、弦歌管乐、风雅富庶，还是绿意盎然？

　　新生态工作室希望用一种自然和生态的视角，与你一起去发现其丰富的内涵。我们将一个位于江南的湿地公园与一系列有关"江南"的理解串联起来，孕化出一个"有趣的江南湿地"故事。

　　这座公园，是位于江苏省苏州市吴江区的同里国家湿地公园。苏州历来是江南的代名词，今天快速的发展让苏州更接近于城市风貌，而其所辖的吴江则保留了更多的水系、稻田，生态的氛围更为浓厚，留存有更多的江南传统水乡村镇的特色。

　　在这本《有趣的江南湿地——同里湿地探索手册》中，你还会发现，同里国家湿地公园不应该被独立地理解，而是需要放置在江南文化地理的"基因"中去探索。这正是我们新生态工作室努力实现的愿景：以"自然讲述者"的身份，促成公众与自然的连接，帮助公众鲜活地理解身边的自然，并努力协助各类自然保护地发现自己的故事。

　　在第一章中，我们将一起重新发现"江南"二字的含义。从古代到现代，什么是"江南"地理要素中的核心内容？一字诀曰"水"。水构成了理解江南的起点。当我们返身沿着时间轴上溯时，又会惊讶地发现地质史中的某个阶段，太湖区域的江南并非水系纵横，而是一片滨海平原。唯有当"水"出现的时候，才是文明曙光诞生之时：太湖平原上的古人类活动孕化出马家浜文化、崧泽文化、良渚文化。这意味着，水，是江南文化乃至人类文化的起源。不过，水也会带来挑战。同里国家湿地公园就曾经因疫填河，而后重新走上恢复、保护湿地的过程。这提醒我们思考：水到底与人类是怎样的关系？

在第二章中，我们希望你走近江南湿地，因为它不只是一个抽象的概念。当年，乾隆下江南颇费周章与财力，现在的交通条件如此发达，何不去江南走一遭，感受一番？因为不到江南，不知江南；抵达江南，也不要只是隔膜地去"观赏"江南。江南具有自成一派的风格，与北方如北京、南方如广州相比，其具有温和湿润、散淡自在的风格。而人地关系总是紧密相连，江南人性格中的至柔至刚、多面灵活的特性，似乎也是水环境所孕育出来的。当我们走上田间地头，观察农人，或是住一住农家乐的时候，你会具体地感受到江南人是怎样在日常生活中与湿地相处的：从房屋到餐桌，从生产到出行。

在第三章、第四章和第五章中，我们则要用两种不同的"姿势"来阅读这片湿地。

让我们蹲下，举起放大镜，对准湿地公园中的野草。它们琳琅满目，却总是被囫囵理解。有些人会认为，野草只是一种卑微的"小玩意儿"，少价值、无审美，甚至也很粗糙。这可是大错特错的思想！当我们看清楚"麻雀虽小，五脏俱全"的野草，会发现它们有不同颜色的花朵，有一些复杂而有趣的结构，比如，植物杠板归的"托叶鞘"。如果你喜爱唐诗宋词，还会发现，文人墨客的诗歌中，它们本就是常客。野菜从来没有在日常生活中缺席，反而常常被人需要，成为乡愁的载体和舌尖上的"惦记"。这就是我们需要一次次近距离察看、寻找、观赏那些看起来"全都绿油油"的野草的原因。

在第四章和第五章中，我们的"目光"将腾挪飞跃起来！

我们要去一个不容错过的地方，那就是湿地公园中的水上森林。通过历史回溯，我们将解开一个谜题：为什么湿地中会出现一片常见于陆生状态的水杉林？理解一整棵树，不仅要从树底下开始，而且要变换位置观察，这时你会发现，原来不同部位都有在此安家的动物。沉默的大树热闹非凡，那里是很多动物的家，尤其是在树林顶端聚集营巢的白鹭。它们一代代地在这里栖息、繁衍。你不妨再做个有心人，留意一下：大树下，是否有一些羽毛或骨骸？生命的成长，需要经历坎坷和磨难，这也许是最动人的生命课。

我们还将继续前往高空、林中、水边。在同里国家湿地公园中，鸟类的数量极其丰富，它们的生活栖息地完全不同，习性也大相径庭。更重要的是，同里国家湿地公园是"东亚—澳大利西亚迁徙线"上的重要一站，有丰富的水源和食物，生态环境良好，是候鸟在迁徙过程中重要的补给站与落脚点。在我国，大约有1400种鸟类，其中有730余种具有迁徙习性。我们也会一起聊聊，为什么鸟类会有这种特性——虽然科学界已经有过相关的多种解释，但答案似乎依然是开放式的，等待未来的你去探寻。

第六章，当我们遍览江南湿地后，会发现它在当下依然具有强大的生命力，同时也面临挑战。比如，作为因地制宜的水生植物、江南文化符号的"水八仙"以及作为人工湿地的稻田均在城市化的开发过程中面临人类争夺土地的现状，农业技艺面临断代的风险。这提醒我们去重新反思城市化的过程，还需要我们走近江南湿地，感受人与自然的关系，并作出新的约定。

在这本《有趣的江南湿地——同里湿地探索手册》中，我们还设计了一系列的卡片，它们穿插跳跃，形成另一根理解"江南湿地"的隐线。这些图像与文字来自不同的时代，有时俚趣，有时高雅，有时是诗，有时是画，但都是江南文化的一部分。

新生态工作室非常希望，当你翻开这本书时，能够成为重新审视人与万物的关系的开始。这也是此书想要解读和讲述有趣的江南湿地故事及其背后蕴藏的独特性、意义和价值的初衷。我们更希望通过这样的观察，去培育"一个人"对"一片湿地"的热爱，启发孩子们用更多的决心和行动保护身边的自然，恢复人类与自然对话的初心。

新生态工作室

2020年12月

目录

凡趣人间 江南地

水, 水, 水。

水, 是江南的文化之歌。

"人人都道江南好, 游人只合江南老。"

江南, 一个被传颂至今的地理概念, 实则更接近于一种文化概念, 其中包含着小桥流水的意象以及富庶繁华的意味。它与干冷、气候温差大的"北地"有着截然不同的地理特征和文化内涵。

当我们阅读唐诗宋词时, 惊讶于发现"江南"的形象稳定地"穿越"至今。比如, 上古时期的《诗经》中, "杨柳依依, 雨雪霏霏"的诗句就呈现着一股江南情韵。有意思的是, 杨柳, 尤其是旱柳, 原本属于北方, 但因其耐涝, 非常符合水乡的环境, 同时还有固堤的作用, 至今常栽植于江南的河道边。

不过, 水, 才是构成"江南"语义的重要底色。横塘、纵浦、湖泊、汀州、泾港、渚娄, 江南的丰水环境形成了诸多与水相关的词汇。太湖之滨的文人则敏感地记录了河道里的水生植物, 如水蓼, 也写下了用竹罱 (一种竹质的农具) 夹河泥的劳作者。

事实上，这种记录相当重要，因为水是人居环境中的重要角色。一方面，"靠水吃水"的天然因素让人们对水中的野生动植物资源熟稔于心，并以此为日常珍馐；另一方面，水质清洁的河流及四方联通的河道是水生植物和鱼类生存的必要条件，更是让后者洄游路线畅通、繁殖行为不受阻碍的重要因素。

不过有些人可能会忽略另一件关于"水"的事情，那就是圩田。圩田，是一种经过不断改良的湿地水环境。圩田内的水稻、沟渠内的水生植物如菰（茭白），以及临水照出倩丽红影的蓼花，呈现出自然风貌与农事生产共同结合的场景。你也不妨在网上查询一下清代的《耕织图》，这卷生动的绘画反映出太湖东部地区的传统农业环境：以耙为耕具，以水牛节省人力……在古老的画面中，薄薄的水面似乎映衬出天光。这样的景象，今天依然可见于江南的一些田间地头。

生态视野中的
江南湿地

诗歌、书画、方志等早已用多样化的语言表达了"江南"。这一次，我们将采用生态的视角去讲述"江南"。

江南，是一个湿地之境。水系与土地构成了微妙与复杂的变量，并形成了多种多样的湿地类型。

如果你从空中俯瞰同里国家湿地公园，会发现这是一个由湖泊、沼泽、河流和水乡共同交融组成的地方。在这片湿地中，北有澄湖，西有季家荡，南有白蚬湖，湖泊湿地资源非常丰富。横港河、中堂港、石头渠港、张家港、凌家浦、陆家浜、石浦港7条主要河流以及更多纵横交织的水网体系，将温煦的乡村生活以及不同类型的湿地紧密联系在一起，也极大地丰富了公园内的湿地类型：沼泽湿地、湖泊湿地、河流湿地、人工湿地……

不过，湿地为什么如此重要呢？湿地的重要意义，不仅仅是"地球之肾"的生动比喻所能简单概括的。湿地是一个复杂的生态系统。作为水土资源丰富的地方，它蕴含了丰富的生物多样性。

那么，湿地与"江南"又有怎样的关系呢？

在历史上，人类常选择逐水而居，或聚居在依山傍水的场所。最终，这些地方逐渐形成了独特的建筑、民俗、饮食文化和农业生产活动。因此，某种意义上，湿地既是自然资源，也是形塑地方人文景观和社会景观的物质基础。

所以，如果你仔细品读诗词歌赋，观察日常生活或建筑形式，会发现"水"在这里留下了浓浓淡淡的笔墨。

地质变迁

江南并不是从来就如此水意丰沛。

当你知道太湖早年的模样恐怕会感到惊奇不解：太湖流域早在远古时期曾是滨海平原！它在上万年的地质嬗变中才演化为今日的湖泊湿地——此时，你是不是想起了"沧海桑田"这个成语？

让我们揭开这场时间的魔法：在距今15000～10000年，太湖地区还属于滨海的台状平原，冰期气候干冷，大地上满覆着棕黄色的黏土，生长着以针叶林为主的针叶阔叶混交林，基本没有湖泊与沼泽。在这片土地上，还活动着野生动物，包括纳玛象、鹿、猞猁、野猪等，中石器时代以狩猎为生的原始人也生活于此。

等到距今7000年左右，太湖地区蝶形洼地中的潟湖地貌形态奠定成形，东西两侧大面积的潟湖营造出一片泽国景象。太湖平原南部部分地势较高的台状平原也为先民定居提供了适宜的生活空间。新石器文化早期阶段的马家浜文化也出现于这一时期，先民们开辟农田，种植水稻，留下了本地人类最早的文化遗迹。

在之后漫长的时间里，潟湖逐渐演化成星罗棋布的淡水湖沼群，先民开始了稻作的探索，辅以渔猎与采集。水生植物逐渐繁茂。此后，太湖流域进入到崧泽文化（距今6000～5300年）、良渚文化（距今5300～4300年）等史前文化的重要阶段。

澄湖遗址与史前文化

带盖竹编纹陶罐
崧泽文化

刻有兽面纹的三叉型器
良渚文化

玉琮
良渚文化

五千五百年前，江南土地上已经有人类生活了吗？

　　太湖平原上的古人类的频繁活动与文化发展被深刻地记录了下来：从马家浜文化、崧泽文化到良渚文化，这里是目前全国史前文化发展序列最为清晰的地区之一。

　　1974年，在同里国家湿地公园北部的澄湖考古发现800余处文化遗迹，出土文物500多件。其中最重要的是，发现了距今5500年左右崧泽文化时期的村落遗址，这是先民在湿地上留下的早期生活痕迹。

　　在澄湖的1000多处遗迹中，有水井400多处，其中，良渚文化时期的文物古井就有40多口。这说明当时的太湖平原地下水位较低，而随着陆地面积扩大，原始部落已开始大量种植水稻，为此在田边开挖了许多井坑以方便提水、灌溉。

圩田与耕作

江南的圩田长什么样，
有什么样的用途？

　　江南一带湖多地少、人口繁多，自六朝（公元222—589年）以后，一波又一波的北方移民迁到江南，在没有多少土地可用来耕种的情况下，先民为了应对这种人口压力，利用"水土各半"的太湖沼泽和滩涂，使之彼此分离，水行于圩外，田成于圩内，令乡村与农田有较大的改变。这种具有合围的堤，围内开沟渠、设涵闸、有排有灌的形态被称作"圩田"。随着水利、稻作的进一步加快发展，最终奠定了今天的形态。

古代,
浩荡湖泊

一处浩荡湖泊,大约位于同里镇屯村社区东北部,与昆山市周庄镇相接,北靠澄湖,南临白蚬湖,中间是肖甸湖,周围杂草丛生,芦苇荡内密布钉螺。

1970年代,
新生土地上的人工林

为巩固灭螺的成果,新组建的"五七"和"渔业"公社在这片新生的土地上培育人工林,从最早的湖桑苗到水杉、池杉、樟、毛竹等,成林面积超过27公顷,改善了填湖后的环境。

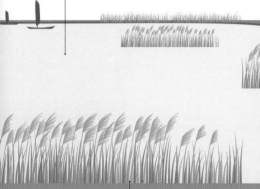

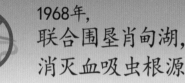

1968年,
联合围垦肖甸湖,
消灭血吸虫根源

屯村公社与毗邻的周庄公社一起,联合围垦肖甸湖,消灭了疾病根源。当年的"五七"大队(肖甸湖村)就是现在的同里国家湿地公园的所在地。在当时"以粮为纲"的背景下,肖甸湖村大力发展如棉花、甘蔗、姜等经济作物。

湿地公园的诞生

同里国家湿地公园处于太湖地区这个发生过巨变的地理环境中。在公园逐步形成的50多年间,这里还经历过另一重翻天覆地的变化,沉淀着一段独特的记忆:1960年代,一段与水有关的"防疫"往事一度改变了村庄的局部河湖面貌。为控制和应对血吸虫病的威胁,杀灭钉螺成为防治的关键。1968年,

2013年,
启动国家湿地公园建设

同里国家湿地公园的湿地面积920.15公顷, 湿地率达80.52%, 湿地保护率达94.44%, 其致力建设一个集湖泊-河流-沼泽湿地的保护恢复、湿地科普宣教、生态旅游于一体的公园。

1998年,
建设肖甸湖森林公园

人工林逐渐繁茂, 使这里成为具有自然景观与游赏价值的公园, 被江苏省农业厅批准为"江苏省吴江市肖甸湖森林公园", 众多吴江人都留存着在此游玩的记忆。这片森林目前已成为同里国家湿地公园最为独特的水上森林景观。

屯村公社与毗邻的周庄公社一起, 联合围垦肖甸湖, 消灭了疾病根源。这成为今天的同里国家湿地公园的重要基底与记忆。1970年代, 填湖灭螺之后, 村民在此进行人工造林。这片具有不同树种类型的林地逐渐繁盛, 于1990年代末期成为森林公园, 并以此为契机, 逐步重回湿地形态。

互动游戏
分辨不同的水生植物

　　湿地作为水陆交界的过渡区域，水位高低经常变化。水生植物通过不同的适应方式，演化出不同的类型。它们有挺水植物、浮叶植物、漂浮植物、沉水植物四种基本分类。

　　漫步同里，你会陆陆续续发现各式各样的水生植物。请你看一看右图的这些水生植物各属于哪一种类型，并填在下面的横线上。

挺水植物
根部埋在水下的土壤中，而茎和叶、花等部位则离水生长。

我找到了：

_____

浮叶植物
根埋在水下的土壤中，叶片和花朵浮在水面上。

我找到了：

_____

漂浮植物
根系不发达甚至消失，随水流或者风力四处漂浮。

我找到了：

_____

沉水植物
根系固着于水底，叶片通常柔软，可以顺着水的流势摇曳。

我找到了：

_____

芦苇

莲

水葱

浮萍

四角刻叶菱
（野菱）

水蕨

苦草

栖居在湿地

水、船、陆地……
来认识一下"水陆两栖"的江南人！

有趣的江南湿地——同里湿地探索手册

让我们去同里一带的圩田和村落中散散步，看看湿地的生活究竟是怎样的，村民们在忙着哪些事务？

天气晴好，穿行于江南的村落，真是一件赏心悦目的事。农人在圩田中耕作，曲颈的白鹭悠悠地飞过稻田。人人都说江南好，此言不虚！

江南的人与自然世界须臾不可分割。栖居在湿地里，人们的耕作、生活顺应着四季忙闲。他们的生产、娱乐都与河流紧密相连：利用河水灌溉农田，在水域中养殖鱼类，或以河泥、水草积肥以及农闲时节的游泳活动等，让"靠水吃水"成为一种日常的情境。

农人还有一套来自田野的认知。这套认知，自有妙趣，包罗气候、土壤、植物、昆虫种种，知识的丰富程度可一点都不比一位饱读诗书的老师要少。做农事不仅辛苦，也需要技巧——想想看，与天地节气相匹配是一件多么需要耐心、毅力的精准之事？

让我们一起听听那些朗朗上口的农事歌谣吧。这些朴素的话语里，有着农人关心水系、植物、昆虫、季候的心事。本质上，这也是他们关心自己的生活世界。

他们锤炼出了水系与自宅井水的关系，如"河水宽，井水满"；从家门口的树上，归纳出昆虫与天气的关系，如"夜里知了叫，明朝热得勿得了"（"勿得了"是江南方言，意为不得了）。对于田间地头的劳作，他们同样有丰富的总结："小暑发棵，大暑长粗，立秋长穗"反映了观察到的植物形态与季候的关系；"白露白迷迷，秋分稻秀齐""大暑不热，稻谷不结"则记录了不同节气的气候表现将对稻谷产量产生不同的影响。农人对自然界的感知和共情，有时近乎诗人的歌赋。比如，"冬雪一条被，春雪一把刀"。

如果，你有幸在田间遇到一个劳作中的农民，不妨停下来多观察一下他，看看、想想他的忙碌与城市人有何不同？

农事歌谣（月半歌）

正月半，烧田财来吃汤团。
二月半，跑到田头兜一转。
三月半，看戏摇快船。
四月半，挑河泥来出脚干。
五月半，割麦种秧忙得团团转。
六月半，耘耥汗水出勿完。
七月半，水车棚里吃西瓜。
八月半，供香斗来看月圆。
九月半，灌好水浆拆车盘。
十一月半，寒颤颤。
十二月半，躲债后门伴勒伴。

这首民歌用一种幽默的语调，描述了一整年中农人的忙闲劳作、饮食娱乐以及在那些特定年代中的不确定性事件。（"伴勒伴"在江南方言中意为"藏啊藏"。）

艰辛农事的精准之美

　　同里国家湿地公园附近的稻田散发着自然之美。每个季节，稻田能够给人完全不同的感受：春天插稻秧时，人行进在泥水中发出有规律的细小声响；夏天，大片水稻田里绿油油的禾苗，睹之心神凉爽；秋天，稻谷沉稳垂穗，风中充满香气；冬天，则是一片收获的稻茬，农人在田中烧出草木灰以肥沃土壤……

　　不过，你或许没想到稻田是一种精密而颇具智慧的人工湿地吧？稻田不仅极具观赏旅游价值，更重要的是稻田由于常年积水，在蓄滞洪水、补充地下水、调节气候和维护生态平衡中具有其他农业系统不能取代的作用，是最重要的人工湿地系统之一。

中国作为传统农业大国，农人的实践促成了农耕智慧的早熟。江南圩田的精耕技术自南宋时期已达纯熟的境界。但想要收获丰美的粮食，从来不是一件容易的事情。在高燮初等主编的《吴地农事》中，通过陆志明绘制的农具，我们看到，为确保稻田湿地的灌溉，人们发明、创造出各式各样的水车，这些采用人力、牛力、风力灌溉的技术方法至今看来仍熠熠生辉！

江南的生活也塑造了生活在这里的人。长时间的劳作让农人的皮肤显得微黑而红润，手掌粗厚。他们是经验丰富的"水陆两栖者"，擅长务农，自耕自作。不少湿地的农人谙熟水性，擅长渔获，同时也是摇船好手——他们腰部轻微扭转摆动，有一股暗劲，仿佛是在寻找与河流的节拍，甚至还能边摇船，边唱歌谣。

水畔屋里厢

去“踩一踩”秋日江南的土地吧！你的五感都将告诉你：一堂生动的乡土课就在此地。瞧，近岸的水沟中，菰（茭白）的茎叶分散舒朗，而岸边的土垛上，一朵粉色的蓟如此漂亮夺目。通往圩田的岸上，水杉、女贞、杨树勾勒出圩田的天际线。继续往深处走，金色密实的稻田沿着弯曲的圩通往远方。低头看，又发现稻田叶上蹲守着一只小蜘蛛，它吐出蛛丝，将凹弧形的叶片围合起来，构建一个小家园。

想要真正了解湿地的水乡生活，还应该去拜访一户普通村庄人家，听一听水乡人用方言讲述他们的记忆。你会发现湿地与住宅、村民之间的紧密联系，其中，还藏着一些有趣的“秘密”：家宅大多建在水边，而旁边总有高大的芦苇繁茂摇曳。尽管今天各家各户都已使用自来水，但院落中还是会有一口井。接下来，我们敲敲同里本地人的家门。大门开了——嚄，好大的院子，好舒适的房屋，好亲切的笑容啊！

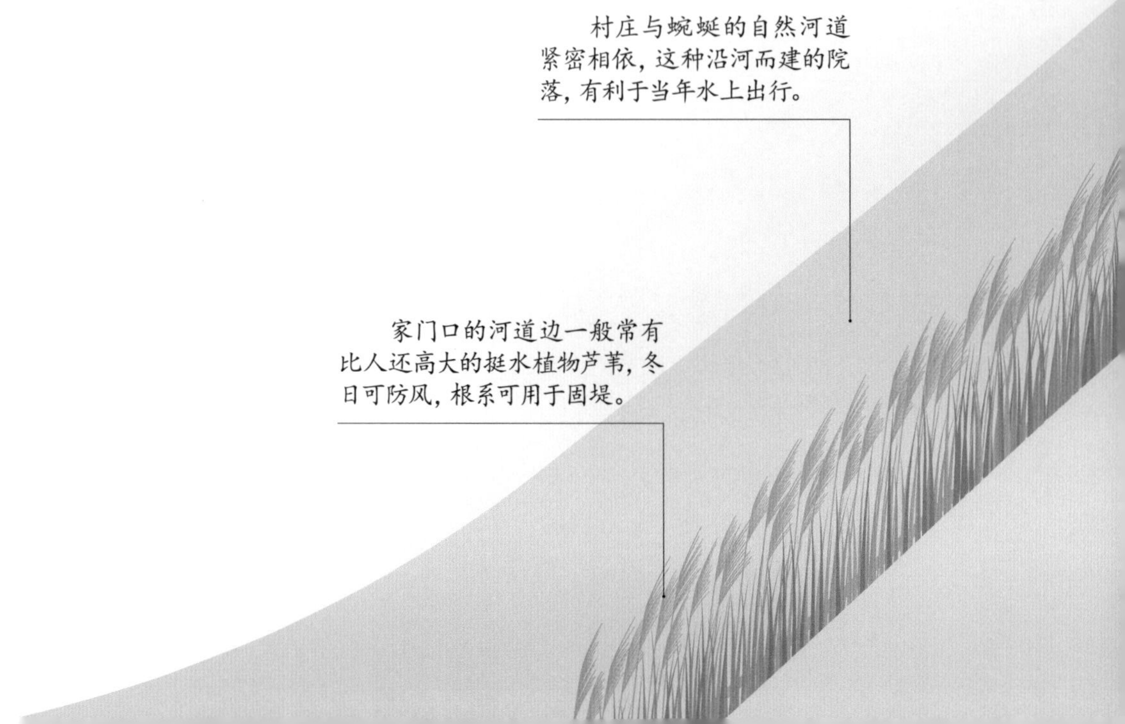
村庄与蜿蜒的自然河道紧密相依，这种沿河而建的院落，有利于当年水上出行。
家门口的河道边一般常有比人还高大的挺水植物芦苇，冬日可防风，根系可用于固堤。

院中的水井也与河道相通，夏天井水寒凉，冬日井水转温，便于居家使用。

宅子坐北朝南、冬暖夏凉，多为"三开间一横屋"的房型结构，多为2层。

后门河埠头便于拴船。

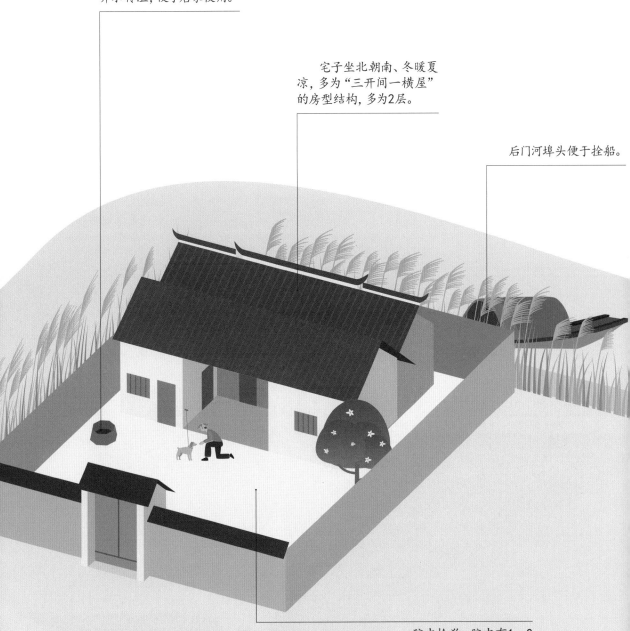

院中拴狗，院中有1～2棵老树、果树或小型苗圃。

水灵灵的烟火

　　江南鱼米之乡，湿地物产丰富。想知道这里的人们在田间地头种植了何种好物，在水道中又有何种渔获，何不去那最具有烟火气的灶头间看看？

　　灶间里饭香扑鼻，其中既有一些来自河道中的河鲜，也有刚刚从田间摘回来的新鲜蔬菜。不过，旁边还摆放着一些农具。工欲善其事必先利其器，对于同里的普通人家也是如此。让我们看看，它们究竟有什么用途，与我们的食物又有什么关系呢？

焐窠

　　一碗好味道的米饭，没想到与稻秸秆也有关系。包括同里在内的苏州一带，保温焐窠是"焐饭神器"。不用电或煤气，不担心烧焦烧煳，用的就是地里收割下来的稻草秆。

地笼

　　同里湿地水质好，河浜里有不少好物什（江南方言，意为好东西）！地笼一般用于捕鱼、捕虾，不过同里国家湿地公园为保护湿地，对其使用进行了管理。

箬帽

用箬竹叶及篾编成的宽边帽,是夏天农人做生活（江南方言,意为活计）时的傍身防护工具。

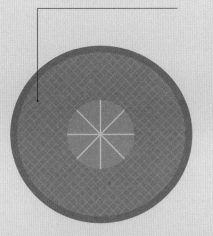

气死猫

惜物的江南人总能想出食物的存储方法:将一个肚大、口小,带有帽状盖的竹篮挂在通风的高处,让猫、狗、老鼠干瞪眼,也成就了"气死猫"的名称。

河蟹、河虾

江南人的食物口味偏好"清"与"鲜",鱼、虾、河蟹和时令蔬菜都令人食指大动,大快朵颐!

莲藕

观赏过夏天的美丽荷花,美味的莲藕也不能错过。不过藕好吃,挖藕难,这是一项辛苦的体力活。

出门摇橹

在水网纵横的江南地区，出行、生计都与水、船息息相关。昔日的出行不是步行便是靠船，乘船外出也十分方便。周边乡村的贸易几乎全靠水运，农户还会带着菜籽、稻谷，划船去镇上做买卖。

江南的水面上，各种类型的船只和不同班次的船错落有序，将生活世界编织起来——集镇有班船，将大小市镇如芦墟、同里、苏州等串联起来。农村地区的船只类型同样丰富，客货混运的航船、农用船不少依靠风帆、拉纤、撑篙或摇橹前行，因此产生了"出门动橹"之说。此外，还有渔船、水泥船、木船、赛船等。

水运，还能提高人力运输米粮时手扛肩挑的效率。在历史上，苏州、湖州一带是全国的重要米仓。清代，"苏湖熟，天下足"意味着米粮必须借着水运和舟楫，输送到长江三角洲以及更远的地方。你可能没想到，民国时期的上海可常常吃上从苏州、吴江两县运来的大米，依靠的正是苏州河、黄浦江两条水道。

船不仅仅具有交通运输功能，还沉淀着文化意义。你能想象，同里的河流上曾经有热闹的婚嫁吗？敲锣打鼓的水面，总能吸引岸上的人争相张望观看。随着经济条件的改善，迎亲船从摇橹船变成了动力船，嫁妆丰厚的人家的迎亲船后面还要再拖一条船。直到今天，同里地区的一些祭祀、节庆活动依然沿河巡游开展。

互动游戏
为不同的鸟类安排合适的就餐地

秋天, 同里湿地不同深浅的水塘里, 聚集了很多前来觅食的水鸟。你注意到它们的区别了吗? 像鸻鹬类等短腿湿地水鸟只在泥滩地或较浅的水域中行走和寻找食物, 其喙、颈也相应较短; 鹭类等水鸟凭借长腿, 在较深的水域中行走, 以长喙、长颈在水中觅食。当水太深时, 游泳就成为水鸟捕食的最佳活动方式。另外, 鸥类等湿地水鸟还会以飞行的方式寻找食物。

现在到了觅食的时间。请观察这三只鸟的不同特征, 写下它们应该去哪个"餐厅"就餐。

浅滩

水深不超过于30厘米的水域

深水

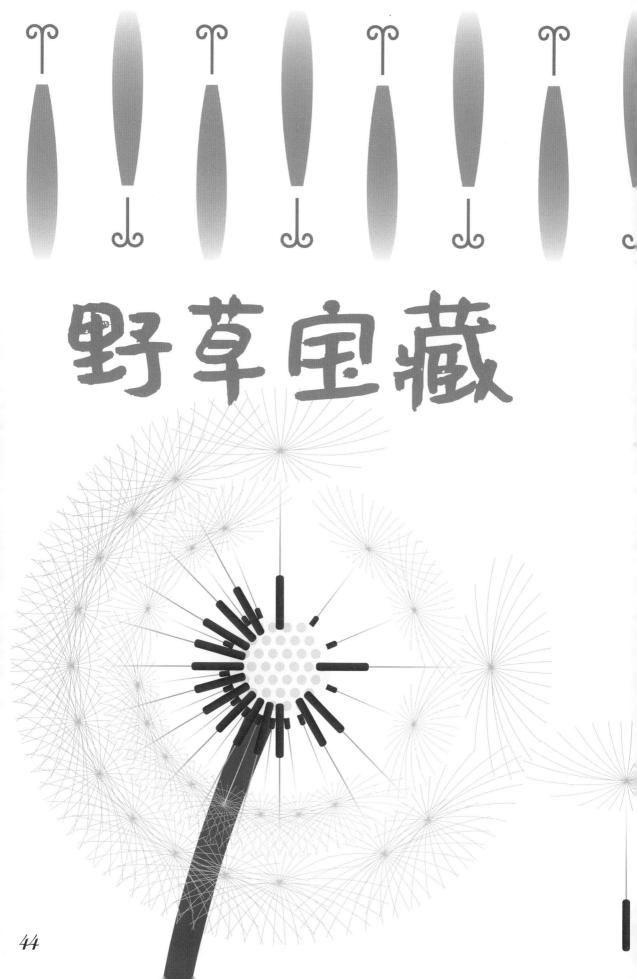

野草宝藏

野草基因库充满了物种多样性的魅力。
它是昆虫的栖息地，
更吸引着鸟类等形形色色的动物的到来。

当城市的孩子看到草坪，他们可能会认为"自然的绿色"理当如此平整而单调，甚至还有点害怕那些看起来蓬勃杂乱的荒野之境。其实，这是过快的城市化带来的某种恶果与误解：原本葱郁的土地被开发，不少水系被填没，城市的绿化管养者更遵循某种效率和"一刀切"的指令，将看似杂芜实则多样化的野草统统去除。最终，导致了孩子们误将"绿色沙漠"视为"自然"。

在同里湿地，让我们迈开腿，寻找荒野，学着改变这种错误的观念吧！野外长着各种各样的有趣野草，它们有着超强的生命力！

野草看似微小，实则繁茂。"野草"，是我们在孩提时面对自然界诸多未识植物的笼统而粗浅的称呼。其实，它们种类庞大、分布多样，形形色色的野草在不同生境和漫长的演化中，凭借各自的智慧演化出强大的适应能力。

最关键的是，它们构成了江南湿地的重要基底，其在湿地生态系统中的作用不可忽视。它们究竟有哪些重要的作用呢？

野草能够涵养水土，让土地保温、保湿。有野草保护的地方，雨水可以形成甘露；当草根被细菌、微生物腐化之后，里面会产生很多空隙，使土壤松软且增加含氧量。所以，杂草越多的地方，也是蚯蚓、蟋蟀等小动物越喜欢出没的生境。

看起来安安静静的野草们，是昆虫们的栖息地。你若不信，轻轻一碰草茎，机敏的小生命就会从中腾跃起来！野草地也是一个音效不错的"音乐厅"，昆虫们在草叶丛中选择合适的演出位置，振翅唧唧，奏出轻灵、明亮的乐章。

野草还能为土壤提供营养。它们完成新陈代谢而枯死之后，被细菌、微生物腐化，其有机物被重新分解，回到土壤中。此外，野草也能成为不同的昆虫、鸟类、兽类的食物，让它们在丰富的野草栖息地中寻觅到口粮。

如果说，春天尤其适合品味野草——那时的它们多汁、柔软，那么夏天就极适合观察野花。那时，多种多样的野草花开灿烂，那种全然绽放的状态能让你更充分地辨认其结构、特色，以及闻闻它们独特的味道。

不过，我们很想告诉你，秋天的野草地同样令人感动：荠菜还在零星绽放，水边的蓼花临水红簇，江南老宅门前的小地块上，凹头苋只要有一点点热度和水分就能生青碧绿（江南方言，形容色泽鲜嫩、翠绿）。那里是感受野草生命交替的好场所：草木渐渐枯荣，但草茎枯而不萎；乱蓬蓬的野菊叶片干瘪收缩，但翅果已经随风飞扬。

你只要见过野草地，就会记得它的强盛能量。生命力都已攒在土里，待来年生出新的繁茂。不过需要注意的是，当你跟着爸爸、妈妈或老师去田间漫步时，请不要在没有指导的情况下，随意把不认识的"野菜"挖回家烹饪，让它们留在自己的生境中继续生长吧！

菊科的花序叫"头状花序"，花序由无数舌状花和（或）管状花构成。蒲公英的花序全部由舌状花组成，每一朵小花形似一片吐出的舌头。

野草是自然中的勇士，身量不过寸长，却总在艰难饥馑的岁月中，担负起了不起的责任，甚至成为一种几乎代替米粮的主食。在15世纪，明朝朱元璋之子朱橚在《救荒本草》中记录了野草、野菜滋养无数生灵的本领。野草也是神农的"百草"，是平价的医药。岁月变迁，野草从没离开过人们的餐桌，反复出现在承平岁月的餐桌上，留在人们的食谱中。

它们不仅在墙角根、田埂上发芽，也在叙事中欣欣向荣。上古时期的《诗经》中，野草在不同国家的封地上生长。古人们观察、采摘它们，根据不同植物的特点进行"赋比兴"：结子多多，代表着繁茂昌盛；香味清雅，就如君子翩翩，令人欢喜。懂得寻味的江南人，也爱这些野草的春日柔嫩尖芽，从苏轼的《惠崇春江晚景二首》中"蒌蒿满地芦芽短"，到散文大家汪曾祺撰写的纷呈《五味》，让"野草"不只是某种植物类型，而是融入江南的文化概念之中。

看似摘一朵蒲公英的时候，其实摘下的是"无数朵花"。

江南草药皇后
蒲公英
Taraxacum mongolicum
菊科蒲公英属

别称：黄花地丁、婆婆丁、黄花郎
花期：4~10月
果期：5~10月
生境：常生于中、低海拔地区的山坡草地、路边、田野、河滩。

　　蒲公英在江南一带被亲昵地称为"黄花郎"。它是孩子们最爱的野地玩物，对着它轻吹一口气，就能变出漫天纷飞的"雪花"。它是居家常用的药草，田间地头随处挑出一丛，用来煎水服用，能够解毒消肿、利胆、助消化等。同里郊野的农人在畜养家禽时，也会喂食以蒲公英的鲜嫩叶片，确保其健康。

繁缕的小白花瓣形似一对"兔耳",看似10瓣,实为5瓣。

作为同里的常见野菜,其嫩梢可以食用,味似豌豆尖,柔嫩鲜美,清热解毒。

柔嫩鲜美文文头
繁缕

Stellaria media
石竹科繁缕属

别称:鹅肠菜、鸡儿肠
花期:2～5月
果期:5～6月
生境:常生于田间地头,喜温和湿润的环境。

　　环太湖一带的人们将繁缕文绉绉的名字,喊出了亲昵的意味。一声"文文头",也许就来自它的幼弱模样,却连绵缠绕,蔓上生蔓。食用繁缕,最早可追溯到魏晋时期。春天,南方的人们煮食"七菜粥"就使用了这款地方野菜。繁缕生命力极强,人类食其嫩叶,鸟食其种子,同享自然界的恩惠。

茎里有"一缕如丝",是其充满弹性的维管束。

一回羽状复叶先端的1至数枚小叶演化为卷须，能够攀附在其他植物体上。

小身形担大忠义
救荒野豌豆

Vicia sativa
豆科野豌豆属

别称：大巢菜、薇、野豌豆、箭舌野豌豆
花期：4～7月
果期：7～9月
生境：常生于荒地、路旁河边及山坡等地。

　　救荒野豌豆在江南的野菜中全能且个性突出。全能，是它既可作蔬菜、牧草，又可药用兼观赏。个性，则源自它的传统名字"薇"。"采薇"一词，意指"隐居山林"，蕴含了中国传统的节义精神——"伯夷、叔齐义不食周粟"，他们在首阳山中采食豌豆嫩苗，最终咏《采薇歌》而饿殍。此后，从司马迁到鲁迅等，始终以"采薇"为题，或歌颂言志，或新编著述，使之长久地流传于史册，以明心志。

救荒野豌豆的嫩茎叶、英果、根部可食，故有"救荒"之名。

端午节的诗歌眼
艾

Artemisia argyi
菊科蒿属

别称：野艾、艾蒿、土艾、家蓬头、杜艾叶
花期：7～10月
果期：7～10月
生境：常生于草地、荒地、路旁河边及山间。

在同里的田间地头，艾草寻常可见。如果摘一把，放到手心轻轻揉搓，闻一闻，那种独特的清气芳香令头脑为之一振。不知道你是否还注意到，每到此时，很多江南人家的门上总会多出几把用红绳捆扎的"植物门神"——艾草搭配菖蒲，雄姿英发，悬于门口可"避邪祛病"。俗谚有云"蒲剑冲天皇斗观，艾旗拂地神鬼惊"，就是这幅风貌的生动记录。

艾的叶子为多回羽状分裂，背面覆盖有银白色绒毛。

艾之诗歌

安平入山

好闻的艾草与
哪个节日有关?

艾草真是一种平凡的宝贝。在历史上有关艾草的诗歌非常多,这意味着它在漫长的时间中始终与人相伴。南宋的文天祥著诗曰:"五月五日午,赠我一枝艾。"瞧!艾草与人们的关系真是穿越古今。

有意思的是,艾草总离不开"端午"这个节日。在农历五月,因天气渐渐炎热,容易滋生各种病菌,作为草药,散发着独特芳香的艾草对人的身体有治疗功效。陈艾,即陈年艾草是治病良药。从先秦孟子到民国时期,"三年艾"的比喻广泛化用于诗篇之中。国学大师陈寅恪旅居英国伦敦疗治时,曾用"求医未获三年艾,避地难希五月花",表达自己治疗目疾无效的艰难心境。

除此之外,艾草也可以被"藏起来"!它就藏在"艾虎衫裁金缕衣"中那只红彤彤的布老虎里。童年的长辈为你亲手制作的香囊里,就储满着爱与健康的回忆!

南苜蓿均为三叶。

舌尖上的草头
南苜蓿
Medicago polymorpha
豆科苜蓿属

别称：金花菜、三叶草、草头
花期：3～5月
果期：3～5月
生境：常见于河边、林下、路边、田野，在干旱、半干旱的环境均能生长。

　　春季，同里人最爱的就是以南苜蓿（草头）和麦芽粉制成的麦芽塌饼，其味清香扑鼻、色泽黛青。它既是农人田间忙碌时充饥的好干粮，也是一道甜美糯食。草头圈子、酒香草头也是很多江南人桌上的春味小菜，热炒之后，鲜香弥漫，让草头无愧为"春日五头"之一。南苜蓿富含蛋白，是农家饲养家畜时的常用饲料。其生命力顽强，可防沙固沙，绿化山区。

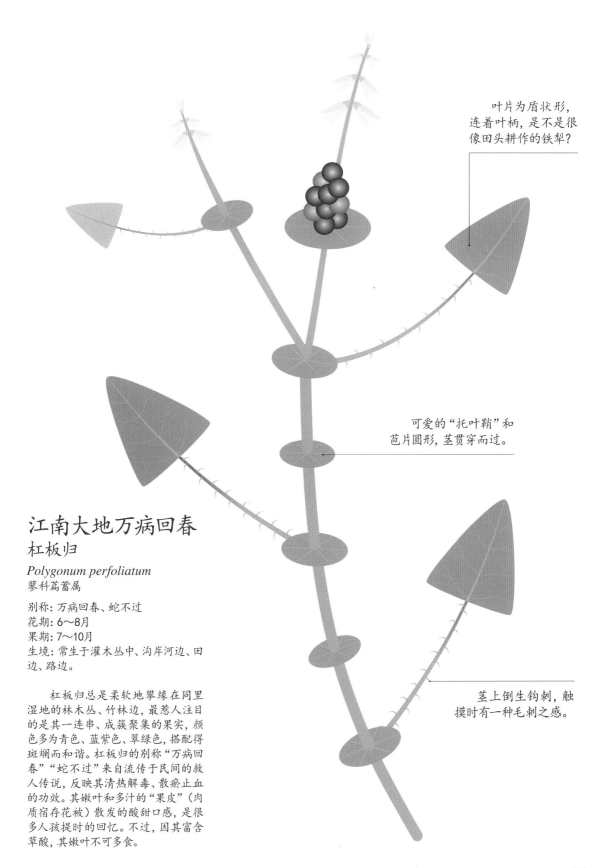

叶片为盾状形，连着叶柄，是不是很像田头耕作的铁犁?

可爱的"托叶鞘"和苞片圆形，茎贯穿而过。

茎上倒生钩刺，触摸时有一种毛刺之感。

江南大地万病回春
杠板归

Polygonum perfoliatum
蓼科萹蓄属

别称: 万病回春、蛇不过
花期: 6～8月
果期: 7～10月
生境: 常生于灌木丛中、沟岸河边、田边、路边。

　　杠板归总是柔软地攀缘在同里湿地的林木丛、竹林边，最惹人注目的是其一连串、成簇聚集的果实，颜色多为青色、蓝紫色、翠绿色，搭配得斑斓而和谐。杠板归的别称"万病回春""蛇不过"来自流传于民间的救人传说，反映其清热解毒、散瘀止血的功效。其嫩叶和多汁的"果皮"(肉质宿存花被)散发的酸甜口感，是很多人孩提时的回忆。不过，因其富含草酸，其嫩叶不可多食。

斗草图

野草也能用来做游戏吗？

　　历史上，人与万物的关系似乎比现在要亲近得多。野草曾被用于游戏，更细分为"文斗"和"武斗"。最早的南北朝"踏百草"和唐代的"斗草"习俗，可见于江南和中原一带。"武斗"的方式直接而刺激：比拼品种数量，或将各自采摘的草交叉为"十"字并各自拉扯，以不断的一方取胜，故此游戏者多采用韧性较好的车前草。故宫博物院收藏的《群婴斗草图》，记录了一场席地而坐的"斗草"游戏。文斗，则带有舞文弄墨的"做对子"的意思。比如，在《红楼梦》第六十二回中写到宝玉生日时，香菱和几个丫头斗草："这一个说'我有观音柳。'那一个说'我有罗汉松。'那一个又说'我有君子竹。'"

江南博物书中的野草

博物书里有哪些
江南野草的身影?

　　茂盛的江南世界令古代的文人墨客无法忽视自然世界的生灵之美。吴门画派画家文徵明的玄孙女文俶所绘的《金石昆虫草木状》是一份趣味独特的博物记录。一支毛笔,运化万千,工笔水墨、粉彩敷色,勾勒出各色野草线条。这份博物记录里不仅有江南常见的植物,而且还涉及了全国各地的植物,其中有不少是同里国家湿地公园里的常见野草,如天名精、车前草等。

迷你的鲜黄色花束并不是一朵花，而是无数朵管状花。

叶形如鼠耳，有白色茸毛，在民间称之为"鼠耳草"。

天然芳香青团味
拟鼠麹草

Pseudognaphalium affine
菊科拟鼠麹草属

别称：棉茧头、鼠耳草、田艾
花期：1～4月
果期：8～11月
生境：常生于河湖滩地、溪沟岸边、路旁。

　　早春至清明时节，同里人总习惯去田野间挖拟鼠麹草。江南人也喊它为"棉茧（茧）头"。拟鼠麹草叶片上有一层白色绒毛，抽出的花茎像菜苋。其草汁揉入糯米，制成清香扑鼻的青团，是无数人的童年美食！在民间，它还有"蚍蜉酒草"的美名，说的正是早春惊蛰节气，初醒的虫子吮吸拟鼠麹草绒毛上的甘露。野草好物，让生态链上的众生如此平等！

——— 同里好风味 ———

麦芽塌饼是用哪种
湿地植物制作的？

　　麦芽塌饼是一种时令美食，并非全年都有机会享用。麦芽塌饼香甜软糯，常常令人无法停口。民国诗人苏曼殊第一次尝到江南人柳亚子带给他的麦芽塌饼时，竟让本就嗜甜的他毫不含糊地一口气吃光一整盘！

　　麦芽塌饼好吃，做起来却稍显费事。把糯米粉、麦粉、焯过的拟鼠麹草按比例糅合成粉团。那些青翠的草叶粘在雪白的粉团上，青青白白，颜色爽朗分明。将塌饼放入油锅内，文火慢煎至草绿色渗入粉团内，色泽渐呈青绿色时再撒上芝麻，翻面再煎。当塌饼的浓浓焦香裹着丝丝青草味香飘扑鼻时，差不多就可以出锅了。

童谣中的植物

马兰

Aster indicus

菊科紫菀属

别称：红梗菜、鸡儿肠、田边菊、鱼鳅串
花期：5～9月
果期：8～10月
生境：常生于路边、山野、山坡上。

　　马兰是田埂与马路边常见的野菊花，很多人看到它时，恐怕会想到那首"马兰花，马兰花，风水雨打都不怕"的歌谣。看起来柔弱的马兰颇符合这种描述：生性强健、耐旱耐湿，根虽浅，但也有相当发达的地下茎，成片联系，不怕踩踏。若你细闻这种植物，它还散发着一种淡淡的菊香。

黄色管状花则形如花蕊，舌状花为浅紫色。

　　马兰的嫩叶可食用，被江南人亲切地称为"马兰头"。人们拿着简单的工具去田地中挑野菜，回家将其凉拌或炒食。

"复伞形花序"，由众多细小的单花组成很多小伞，无数小伞再组成一把把大伞。

矜贵祭祀物
水芹

Oenanthe javanica
伞形科水芹属

花期: 6～7月
果期: 8～9月
生境: 常生于洼地、水田，在水源充足且地势不高的旱地均可栽植。

　　水芹味美，常见于同里湿地，更出没于寻常百姓的餐桌上。在传统诗词与文化传承中，芹还透出一股矜贵之气。"芹"通"祈"，用于祭祀供奉。周朝天子举行祭祀使用的"七菹三酱"中，就有芹菹，即水芹腌菜。水芹也出现在鲁国泮水学宫（文庙）之滨，"芹泮"丰茂翩然，读书人也被称为"采芹人"。诸如"芹意""芹献"同是古时常用的谦辞，雅意非凡。

蓼蓝的花为穗状花序，淡红色，柔嫩娇艳。

叶片为绿色，茎微透紫红。绿叶干后转为暗蓝色。古法草木染的原料主要来自蓼蓝的叶子。

优秀草木染圣手
蓼蓝

Polygonum tinctorium
蓼科萹蓄属

别称：小青、大青
花期：7～9月
果期：9～10月
生境：常生于旷野水沟边，曾有少量栽培，现已少见。

　　野草蓼蓝的身影，很早就出现在《诗经》中。"终朝采蓝"说的是一名先秦女子在秋日劳作整日，"蓝"却尚未装满围兜。草木染的历史里，也有蓼蓝的功绩。作为天然染料，用其制成的靛蓝染料来染布。染色之后的衣物结实、保暖、不易燃。蓼蓝更有解热、解毒的功效，因此，在江南田间劳作时，身穿蓝布衣有防虫的功效。

蓼蓝的"蓝"从何而来?

　　蓼蓝并不是蓝色, 但是它却能染出蓝色。这个奇特的过程是如何实现的? 蓼蓝叶子中含有一种叫作"靛苷"的物质, 与空气和光接触后在一定环境条件的催化下发生一系列化学反应, 会生成蓝色的沉淀物, 即靛蓝。靛蓝的合成需要碱性环境。因此, 古法草木染以石灰水、酒糟等来实现水解, 从而实现染色。《本草纲目》亦有记载:"南人掘地作坑, 以蓝浸水一宿, 入石灰搅至千下, 澄去水, 则青黑色。亦可干收, 用染青碧。"区区数字的背后, 真正的染印工序实则非常繁琐。对于很多人而言, 蓝染衣物也成为一种江南水乡的衣饰符号。

互动游戏一
做一个种子袋

取一张纸，按照下面的步骤制作一个种子袋。找一找，在湿地中你捡到了什么植物的种子呢？

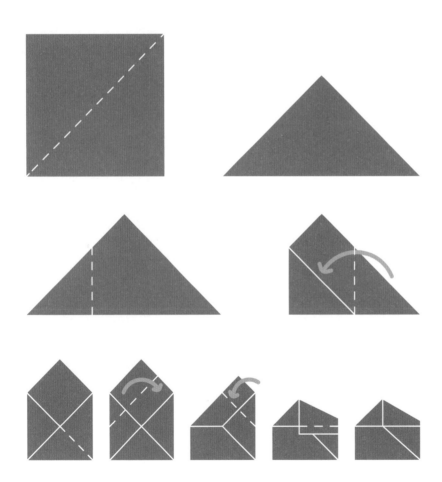

互动游戏二
花园的颜色

找一找, 身边有哪些开花的植物呢? 用彩笔为这个花园填上颜色吧。

水上森林

碧树参天，白鹭为邻。
水上森林，同里国家湿地公园的孕育之源。

让我们登船，在河道纵横的潺湲流水中驶向公园另一处奇妙之地：河道边，芦苇、菖蒲随水流起伏飘荡，不远处出现了一片蔚然壮观的"水上森林"。高耸的水杉、池杉和落羽杉形成茂盛的森林，葱翠的枝叶倒映于河流之中。好一个幽静之所！耸起鼻子闻闻，空气里弥漫着一股清透的树木香。

不过，河流里怎么会有参天杉树林和毛竹林呢？

1969年，因防疫而填没的湖泊成了荒地，响应国家号召的知识青年在这里进行植树造林。林苗渐渐长成一片森林。但其终成为"水上森林"源自一个举措：1983年，肖甸湖村实行家庭联产承包责任制时（注：改革开放之前，农村实行以生产队或生产大队为单位的生产模式而非一户农户为单位），对成片的树林、果园要不要分到各户引起了相当大的争论。肖甸湖村第一任党支部书记赶到肖甸湖村，同大队党支部一起商量，最终决定保留这片树林。因为树林分到户不利于统一管理，而由大队统一管理，人工、资金都投入不大。树林留在大队，树苗出售，所得收入可为群众办些公共事业。

就这样，水上森林得以保存下来，经过多年努力，形成了今日同里国家湿地公园水上森林的雏形。这片有着50多年树龄的湿地景观，也吸引了丰富的动植物来此栖息。在此地，最常见的就是白鹭——它们有着择高枝、近水岸、集体营巢的特性，鸟巢搭建在彼此相邻的树杈间。墨绿的树林、白色的鹭鸟，宛如一幅水墨风格的画。

未来，当你再读到"一行白鹭上青天"诗句时，不妨从"生态环境"的角度，给小伙伴讲讲你在湿地中的观察和感受，那一定非常独特！不过，需要注意的是，请遵守观鸟原则，不要打扰它们的栖息。

大树之家

　　如果我们把一棵树理解为一个生态系统的缩影，那么水杉林像不像一处生命家园？形形色色的生命栖息于水杉树的不同部位，我们称之为栖息在不同的"生态位"。水杉的根部生活着蚯蚓和微生物，帮助其松土；树下分布着刺猬、猪獾等小动物；树干上住着知了；树梢是鸟类的地盘，白鹭或停歇筑巢，或警惕着在天空盘旋的猛禽。这些生物以大树为家，开启了一段丰富多姿的生命之旅。

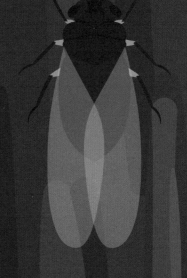

黑蚱蝉
Cryptotympana atrata
蝉科蚱蝉属

　　夏天，黑蚱蝉的腹部鼓膜通过收缩运动发出"知了知了"的声音，这是江南的夏天不可缺少的伴奏！可是这些鸣声不是因为天热，而是其为了吸引合适的伴侣。另外，这响亮的声音还有警戒的作用。

水杉

Metasequoia glyptostroboides
柏科水杉属

　　水杉曾和恐龙生活在一个年代。大冰期之后，水杉几乎全部灭绝，直到1940年，一位研究植物的中国老先生在湖北、四川交界处发现了幸存的一棵400多岁的水杉，它是后来所有水杉的母亲。虽然水杉可以在同里这个生机勃勃的地方生存，但遗憾的是，它们无法在此完成生活史，当它们死去时，无法为公园留下子嗣。不过，这片地方很快就会被当地的其他植物所占据。大自然的生态就是如此循环往复。

威廉环毛蚓

Pheretima guillelmi
蚓蚓科环毛蚓属

　　威廉环毛蚓胖乎乎、软绵绵，成熟的标志是身体几节表皮增厚形成一条环带。它们有钻穴的习性，能够松弛土壤，让树根大口呼吸。威廉环毛蚓以各种禽粪、畜粪、瓜果皮、树叶为食，甚至以腐殖质、土壤细菌等为饲料，而留在泥土里的蚓蚓粪富含氮磷、钾，使土壤肥沃，促进植物生长，还可固定土壤中的重金属，以防农作物吸收后危及人类的健康。

白鹭

Egretta garzetta
鹭科白鹭属

　　白鹭的一举一动优雅轻缓，很多人都很喜欢它们。当白鹭寻求爱情的时候，会愈发迷人，一身蓬松蓑羽，脑后拖着两至三根纤长的"小辫"，这是白鹭的繁殖羽。每当找到心仪的伴侣组成新的家庭时，白鹭家庭们纷纷选择毗邻而居，常以河岸边的高大水杉树林为栖息地。

白鹭成长史

在这片水上森林，那些在水杉树上轻快掠过、停留的身影是谁？

那是雪白、优雅、长腿、长喙的白鹭。这片有着高大茂密的杉树，同时临近池塘浅滩和澄湖的场所，为白鹭的栖息提供了适宜的环境。

求偶

白鹭在求偶、繁殖期间，枕部会长出2～3条细长的长翎作为饰羽，背和上胸部分披蓬松蓑羽，脑后看起来像拖着几根"小辫"，令其身姿更为飘逸、迷人。等到秋冬季繁殖期结束，蓑羽自然消失，鸟喙始终保持黑色。

筑巢

　　白鹭平时多半单独行动，繁殖期更喜欢集群活动。雄鹭会频繁地从野外衔来枝条，雌鹭用嘴将枝条稳稳地插进巢边，有时还会有一番试探巢的稳固程度的踩实动作。另外，有繁殖经验的白鹭会重复利用之前的鸟巢。

什么是正确观鸟的原则

　　爱鸟护鸟体现于正确的观鸟方法。鸟类生性敏感活泼，视力敏锐，发现有人接近会迅速飞走。如果遇到正处于繁殖和育雏期的鸟类，切莫惊扰它们，否则可能会引发其因感到威胁而弃巢，影响育雏。观鸟时，建议尽量穿着与自然环境协调、近似的草绿、棕褐色的棉布衣服或迷彩服。动作轻缓，不做突然迅速的动作。相比阴雨天和刮风天气，鸟类更喜欢在晴朗无风的天气觅食活动，这时也更易观看到鸟类。春、夏季节，日出后两个小时、日落前两个小时鸟类最为活跃。

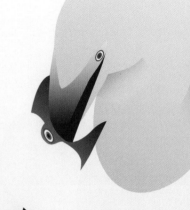

幼鸟

　　幼鸟在父母喂养下，需要2~3周的时间长齐羽毛。它们会站在树枝间乞食，叫声此起彼伏。

亚成鸟

　　在父母喂养一段时间后，约一个半月左右，它们会离巢并开启独立的生活之旅。

繁殖

初次交尾成功后，白鹭会努力加固爱巢。雌鹭在产下第一枚蛋后，一般次日会再产1枚，下完2枚蛋后即开始孵化。之后继续交尾，每窝3～5枚卵。在双亲共同孵化下，白鹭幼鸟不到一个月就能破壳而出。

昆虫乐园

　　夏季的夜晚，水上森林成为形形色色的昆虫出没的地方。在漆黑的森林里，蝉鸣声虽然打破了夜晚的静谧，却更添了一种自然的神秘。由萤火虫带来的点点流光，是同里湿地的特别体验。这里最常见的萤火虫是陆栖黄脉翅萤，它们喜欢生活在环境较洁净的公园或荒地中。而水栖条背萤生活在浮水植物较多的池塘、湖泊和流速缓慢的河流中。

　　小小的萤火虫对环境非常敏感，水污染、光污染、天然植被减少和杀虫剂都为它们所不喜。但它们在同里国家湿地公园的优质环境中找到了生长所需：洁净水源、茂密草丛灌木和安静黑暗的环境。在夏天的傍晚，让我们来到同里湿地的水上森林，欣赏一场流光溢彩的虫舞吧——雄萤用光呼唤雌萤、寻找爱情，也成就我们美好的童年美梦。

蜜蜂

　　蜜蜂的"8"字形舞蹈，用来向同类传递信息。

蚂蚁

　　群体生活的蚂蚁是典型的社会性昆虫，也是动物界赫赫有名的建筑师。

天牛

比身体还要长很多
的触角，是天牛用来探索
周边环境的重要器官。

黑蚱蝉（知了）

"嘶嘶"不息的蝉
鸣是进入夏天的标志，那
通常是它们求偶的鸣唱。

七星瓢虫

卡通玩具般配色的
七星瓢虫，其实是凶猛的
捕食性昆虫。

蝽

蝽，俗称"放屁虫"，善
于用保护色隐藏自己的身形。

互动游戏一

你能认出这些是什么树的叶子吗?

在湿地的不同季节中,你有没有发现那些飘散在地面上的形态各异的树叶,比如,扇形的银杏叶、手掌形的构树叶、心形的乌桕叶?除此之外,你还能辨别出下面这些叶片各属于什么树吗?

互动游戏二
小白鹭找不同

从下面两幅图中，寻找一下繁殖季（左）和非繁殖季（右）的小白鹭有何不同之处（共4处）。

泽国精灵

鸟,飞过山河湖海,跨越自然的界限。
在迁飞道路上,
它们在湿地中留下南来北往的倒影。

有一个热爱自然的人曾经写下这样一段衷曲:"没有人,宇宙将是不完整的,但是没有那些居住在我们的眼睛之外的最小的超级微生物,世界也是不完整的。"他提醒我们,完整的世界不仅仅是我们看到的此时此刻的世界,也可能是那个超出我们的目力且看不透彻的世界。对于人类而言,鸟类似乎就是这样一种存在。

尽管在日常生活中,我们能见到麻雀、家燕、珠颈斑鸠等,但大部分的鸟类飞翔在天空之中,其出众的飞行高度、迁徙能力,以及因生物演化所带来的"惊飞"特性,让我们"看不到""看不清"它们,人与鸟难以亲近。

这种既熟悉又陌生的关系,会让孩提时代的我们对鸟类有"浪漫化"的想象,以为它们的"家"就在天空之中。事实上,鸟类各有特性,模样全然不同,它们的巢和栖息地丰富多样。更有趣的是,鸟类群体中也有"大女主",即雌性占据强势地位,并对鸟类的"家庭生活"起到主导作用!

在同里国家湿地公园里,栖息着大量的鸟类。何不让我们去观鸟,看看它们的真实生活?我们可能很快就会发现,河流与鸟类,几乎就像是一组相互映衬的音符。鸟类总是徘徊在河滩边,觅食或歇脚。当人类要借助桥梁穿行在河道之上,鸟类则轻盈地掠过湖泊河流,自由无碍地穿梭其间。

　　鸟类为什么与河流、湖泊有这么紧密的关系呢? 这主要还是取决于在河流、湖泊等湿地中, 鸟儿能够"好好住""好好吃"。湿地中生长着丰富的水生植物, 有时这些高高低低的水生植物还是水鸟建造家园的理想环境和巢材。同时, 湿地生境中的脊椎动物如鱼类、水生浮游动物和底栖动物, 令鸟类大快朵颐, 更为其"生儿育女"、哺育下一代提供更多的准备。

　　同里国家湿地公园拥有近134公顷的水面, 澄湖、白蚬湖、季家荡等均是其重要的湖泊湿地资源。其中, 澄湖是苏州地区最为重要、稳定的候鸟越冬地之一。鸟类不仅给公园创造了生机, 还是环境丰富度的指标性物种。湿地鸟类多样性, 是国际公认的评估湿地生态状况的重要指标之一。

　　不过, 想要看到更多的鸟类可是一门大学问。何况, 在一天的时间内, 你是没有办法"一日看尽长安花"的, 观鸟又是一件需要耐心的事情。我们不妨先了解一下公园的鸟类资源: 公园目前已有220种鸟类, 其中国家一级重点保护野生动物有青头潜鸭、黄嘴白鹭、卷羽鹈鹕3种, 国家二级重点保护野生动物有鸳鸯、鹗、普通鵟、小鸦鹃等。欢迎你多来公园走访, 这里可是锤炼耐心、目力以及持续不断地学习鸟类知识的好地方!

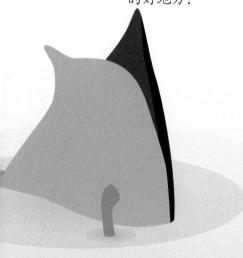

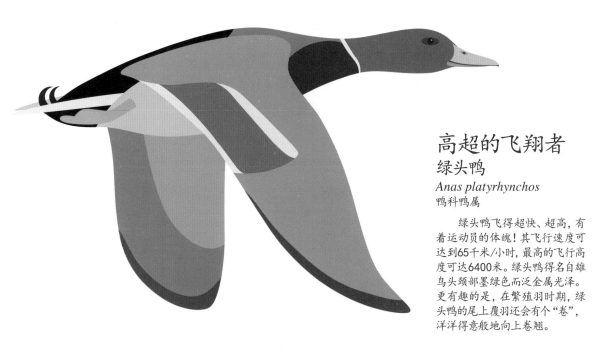

高超的飞翔者
绿头鸭
Anas platyrhynchos
鸭科鸭属

　　绿头鸭飞得超快、超高，有着运动员的体魄！其飞行速度可达到65千米/小时，最高的飞行高度可达6400米。绿头鸭得名自雄鸟头颈部墨绿色而泛金属光泽。更有趣的是，在繁殖羽时期，绿头鸭的尾上覆羽还会有个"卷"，洋洋得意般地向上卷翘。

湿地鸟类各不同

　　在同里国家湿地公园放眼远眺，我们总能捕捉到鸟儿的踪迹：密集的芦苇丛里黑水鸡悄悄探出头，高大杉木林中飞过几只白鹭，宽阔的水面上罗纹鸭逐水嬉戏，树林中跳跃的黄喉鹀发出鸣啭。在众多鸟类中，有诸多罕见的鸟种现身，如棉凫、宝兴歌鸫、红喉姬鹟、小太平鸟、白秋沙鸭等。

　　全球极珍稀的卷羽鹈鹕东亚种群也曾现身澄湖。快让我们借助"望远镜"看看它们都长什么样吧！

极度濒危，
渴望更好保护
卷羽鹈鹕
Pelecanus crispus
鹈鹕科鹈鹕属（东亚种群）

　　极度濒危的卷羽鹈鹕（东亚种群）飞过这片生境优美的湿地天空。其整群同行的飞翔时刻，昂颈的姿态像鹭鸟，其标志性的大嘴也令人一睹难忘！但这种美好的鸟类正承受着栖息地减少以及被捕猎的命运，值得被更好地关注。卷羽鹈鹕得名自颈上卷曲的羽毛。它们也是最重的飞行动物，体重达11～15千克。

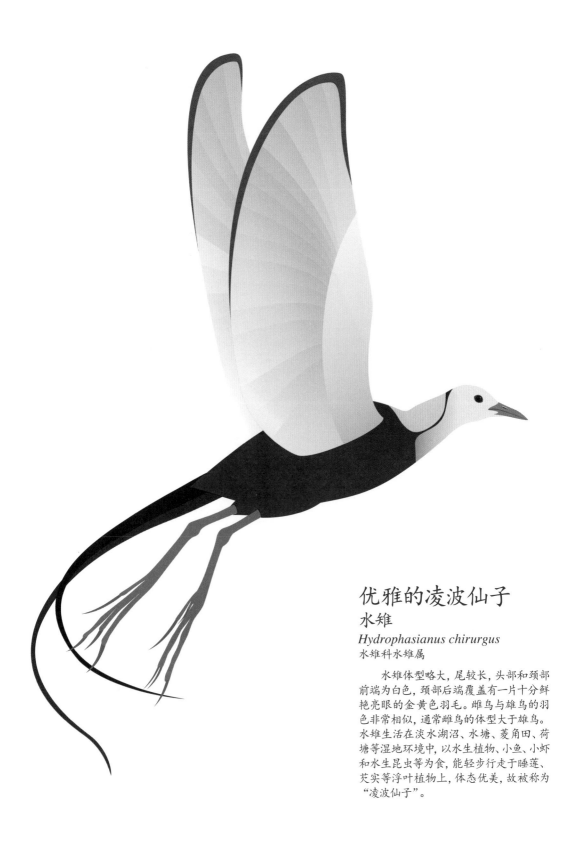

优雅的凌波仙子

水雉

Hydrophasianus chirurgus

水雉科水雉属

　　水雉体型略大，尾较长，头部和颈部前端为白色，颈部后端覆盖有一片十分鲜艳亮眼的金黄色羽毛。雌鸟与雄鸟的羽色非常相似，通常雌鸟的体型大于雄鸟。水雉生活在淡水湖沼、水塘、菱角田、荷塘等湿地环境中，以水生植物、小鱼、小虾和水生昆虫等为食，能轻步行走于睡莲、芡实等浮叶植物上，体态优美，故被称为"凌波仙子"。

在水雉家，
谁把家庭劳务一肩挑？

　　荷叶上飞快地跑过一个轻盈的身影，正是有"凌波仙子"之称的水雉。其脚趾修长，能更好地分散身体重量，使其可以在水草和荷叶上从容不迫地行走。

　　四月末，繁殖季节的水雉身姿更为优雅，长出了有特色的长尾羽，约占体长一半，凌空飞跃时如同绦丝飘带，飘逸灵动。不过，等到八月末，繁殖羽就会蜕落，同时换上黄褐色的冬羽，飞羽也会一次性全部脱落。那时，它们就失去了飞翔的能力。

　　不过，千万不要误读水雉那种娇柔的美态，它们本质上是"大女主"：一切由女方说了算。雌水雉相当霸气，实行一雌多雄制。繁殖前期常见雌鸟打斗，等雌鸟打下自己的领地，接受雄鸟的爱情后，主要只负责"生娃"，每次产4枚左右的卵。雄鸟则在"地盘"内开始了辛勤而高强度的工作：筑巢、孵卵以及带娃觅食。不过，水雉宝宝似乎天生懂事。刚出生时，它们的绒毛配色就近似成鸟，出壳半小时左右就可以自己在浮水植物的叶面上勇敢地行走、觅食了。

穿花衣的歌者
宝兴歌鸫
Turdus mupinensis
鸫科鸫属

　　宝兴歌鸫雄鸟全身覆盖橄榄褐色斑纹，俗名"花穿草鸡"。雌鸟和雄鸟的羽色看起来颇为相似，只是前者较暗淡、少光泽。它们喜欢栖息在河流附近潮湿茂密的栎林、松林中。

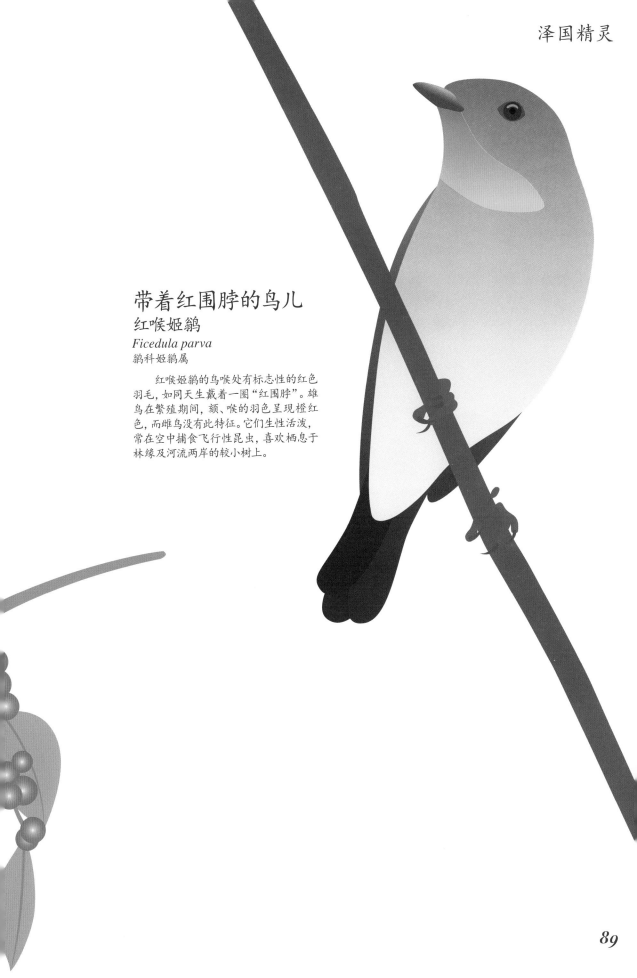

带着红围脖的鸟儿

红喉姬鹟

Ficedula parva

鹟科姬鹟属

　　红喉姬鹟的鸟喉处有标志性的红色羽毛，如同天生戴着一圈"红围脖"。雄鸟在繁殖期间，额、喉的羽色呈现橙红色，而雌鸟没有此特征。它们生性活泼，常在空中捕食飞行性昆虫，喜欢栖息于林缘及河流两岸的较小树上。

"发型"独特的水鸟

凤头䴙䴘
Podiceps cristatus
䴙䴘科䴙䴘属

　　凤头䴙䴘成年个体体长50厘米以上，是䴙䴘中体型最大的鸟类。其雄雌差别不大。下体近白色，上体灰褐色，均有深色羽冠。翅短，尾羽退化或消失。它们常常选择栖息于湖泊等水域附近，以鱼、虾、水生昆虫和部分水生植物为食。其融洽的亲子"关系"常体现在亲鸟背着不谙水性的雏鸟在水上游荡。

—— 水上舞王的湿地生活 ——

凤头䴙䴘的"双人舞"
到底有多牛?

　　每年的四月至五月,是凤头䴙䴘开始倾情觅偶的季节。在此过程中,它们会有一种独特的舞姿。有一位常年拍摄凤头䴙䴘的考察者发现,凤头䴙䴘觅偶的过程中伴随着凝视、扎入水中再浮出水面,面面相觑,摇头晃脑,以及一种不停"撞胸"的行为,热烈且同步,赛过一场全情投入的双人舞表演。

　　凤头䴙䴘的抚育场景也颇为动人。观察者发现,孵蛋的重任基本落在了雌鸟的肩上,需要换班时,其会呼唤雄鸟归来。湿草的发酵能够产生热量,还会有助于鸟蛋的孵化。等到雏鸟孵化成功,亲鸟还会背着雏鸟在水面悠游。雏鸟长大约一个星期后,亲鸟会亲自担任它们的"游泳教练":为让其早日掌握游泳本领,有时会迫使雏鸟作单独的游泳潜水练习,比如,亲鸟突然钻入水中来一段泅泳,背上的雏鸟只能借着自己的力量快速浮出水面,拼命地游向亲鸟。如此训练几番,雏鸟渐渐就习得了本领。

以叫声命名的鸟
白胸苦恶鸟
Amaurornis phoenicurus
秧鸡科苦恶鸟属

它的名字源于它的"苦恶、苦恶"的叫声谐音。这种鸟的脸、脖到胸部皆为白色,下腹部、尾下覆羽为红褐色,脚、嘴等皆为黄色,而其长长的脚趾能有效地将体重分散于浮叶植物的叶面上,令其行走自如。

最小的"水鸭子"
棉凫
Nettapus coromandelianus
鸭科棉凫属

　　棉凫可算是世界上最小的水鸟，体长仅有26厘米左右。羽毛主要呈白色。鸟喙短而像鹅喙。在非繁殖期间，雄鸟的羽毛与雌鸟的相似。繁殖期时，雄性棉凫的毛色泛黑绿色光泽。它们一般栖息于水草丰茂的淡水池塘、湖泊、沼泽、水田或河流。有趣的是，棉凫营巢于距水域不远的树洞里，并以种子、草、水生植物等为食物，偶尔也取食一些昆虫。一般情况下，通常成对或小群聚集，在非繁殖季也会有群体集聚的活动。

迁徙的鸟类

在全球九大鸟类迁徙路线中，"东非—西亚""中亚—印度"及"东亚—澳大利西亚"经过我国。科学数据表明，每年从我国过境的候鸟种类和数量约占全球候鸟的20%～25%。生活在我国的鸟类有1400余种，具有迁徙习性的有730余种。

同里国家湿地公园是"东亚—澳大利西亚"迁徙线上的重要一站，沿途有丰富的水源和食物，生态环境良好，是候鸟在迁徙过程中重要的补给站与落脚点。每到候鸟迁徙季，数量庞大的候鸟让同里国家湿地公园到处可见迁徙者的身影。鸟类、天空、湿地共同构筑了动人的生态场景。

鸟类组成了地球上最大规模的迁徙运动，在每年春季或秋季成群结队地跋涉。这是为什么呢？

对此，科学研究结论不一，目前大致有两种说法。一种是"能量消耗论"，认为候鸟迁徙来自自身"能量消耗"的驱动。另一种是"遗传诱导论"，认为候鸟迁徙是遗传的结果，迁徙习性可追溯至公元前1万年的冰川时期。

候鸟迁飞的精确性令人惊叹。科学研究认为，鸟类能根据气温、降水、光照等要素的变化，确定在居留地生活的时间长短以及迁徙时间。比如，大多数候鸟都选择在晴朗无雨的日子迁飞，防止羽毛淋湿、热量损失，保持飞行速度。候鸟还能感应风向、气压的变化与波动，调整飞行姿态，或借助上升气流自由滑翔来节省体力等。更有一种说法认为，候鸟能感应地磁波，以此来决定迁徙的路线和栖息的地点。

每年春秋两季，为了繁殖和越冬，在北方的西伯利亚和南方的澳大利亚之间，红颈滨鹬都要展开一场长达数千千米的旅程。同里湿地是它们在这条迁徙路线上重要的停留地。

互动游戏
猜一猜这些都是谁的脚印?

　　沼泽湿地有不少常见的鸟类,尽管它们谨慎地隐藏于自然环境之中,可是其各种行为——比如,捕食、繁殖、筑巢和行动……总会留下这样或那样的痕迹。在这片湿地的沼泽里,水鸟们留下了"蹑手蹑脚"的秘密。快来看看,下面这四种脚印分别属于哪种鸟类?

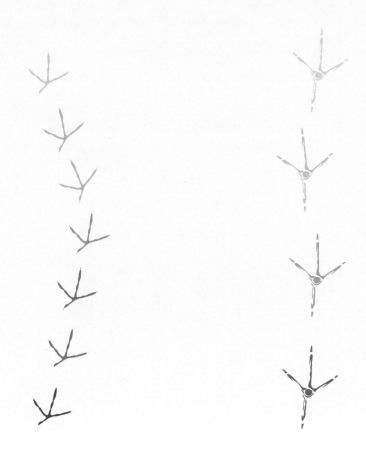

沼泽湿地里的常见居民

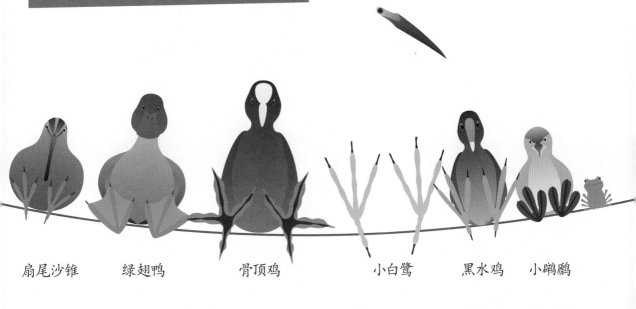

扇尾沙锥　　绿翅鸭　　　骨顶鸡　　　　小白鹭　　黑水鸡　小鸊鷉

重新发现
江南湿地

幽微，复杂，美好，顽强，皆是江南。
自然的思维，是理解多义江南的"珠链"。

当我们把构成江南的无数元素组合在一起时会发现，江南是一种具有时间延续性的整体，是一个水与土的世界。这个事实，从太湖地区的文明之光"良渚文化"中就已经有了暗示："渚"就是水中湿地的意思。

时至今日，我们需要意识到，"江南"一词仍常常被简化或片面地理解为和乐、富足的地方生活。但真实的江南是多义的、委婉的，在历史发展的过程中，"江南好"是通过人们不断地努力才得以确立的。

回溯历史时我们会发现，"江南"并不总是风调雨顺的：从圩田到"水八仙"，江南人与洪水反复抗争的历史极其悠久，圩田里的水闸、水坝精巧组合，就是为了能够在人口高度增长的压力之下生产出更多的口粮。

当我们深入到江南的各地，会发现养育生灵的"水"也对地理环境形成了阻滞，因此，水系纵横的世界中，桥梁成为一种连接两岸的重要存在形式——在古代，造桥常是福泽一方的善举，船则是另一种重要的摆渡工具。江南人的思维，似乎也因这种环境，不乏一种幽微而辩证的思维，更能体会"水能载舟，亦能覆舟"谚语背后的含义。

在江南的相对稳定的环境中，文人们拥有了安稳的精神生活的可能。观察他们的画作、诗文会发现，自然世界隐隐绰绰，湿地风景也隐含其中，渔、樵、耕、读更被文人、士大夫视为理想化的生活方式。在特定的年代，江南的田园山水成为他们的精神庇护所。比如元代时，汉族文人仕进无门，江南士人的社会地位骤降。画家吴镇在水面浩荡的《渔父图》中，用15只渔舟、16位渔人构筑起一个"渔隐"的世界，表达着遁世与放归的心情。

所以，面对"江南"这个具有活力的词语，以及依然存在的湿地，我们的观察和思考同样应该有所发展、有所丰富。比如，在高速发展的当下，我们发现城市化的扩张对太湖地区的水生植物已经形成了重大的压力，本地菰（茭白）品种已经消失，传统水生作物的种植技术面临流失。城市化带走了无数的年轻人，农业技艺后继无人，更不要提"水八仙"因生长栽种复杂，管理采收的重劳力而让种植者面临断层。

稻田虽美，但在现实生活中，不少稻田逐渐被抛荒，稻田的生态效应正被城市热岛效应、热污染等问题吞噬。城市让我们远离自然，但我们对这个世界的理解不该受困于空间。当我们有了自然思维，学会从自然的角度思考问题，那么稻田不远，土地尚近，我们依然还有机会重新理解农耕传统的魅力与智慧。

与江南湿地的约定

　　自然，需要每一双善于发现的眼睛。热爱自然的人总能有新的收获。

　　同里国家湿地公园的北门曾是一片芦苇丛，野生水芹在此长势良好，孩子们在这里发现了青蛙的身影。沿着小溪的林间小路散步，翻开潮湿的土壤会发现很多的昆虫身影，形成了一条充满乐趣的昆虫探索小径。

　　在公园里，还有什么有趣的地方？观鸟屋当然是不能错过的！这是一处由鱼塘改造而来的浅滩湿地，聚集了大量水鸟。过去，专业观鸟团队为了观察警觉敏感的鸟类，会在装备、时机上下很大工夫。而观鸟屋可以让普通游客更方便地观察鸟类，同时也降低对鸟类的影响。当你进入观鸟屋后，找到一个适合你身高的观察口，运用那些讲解员传授给你的鸟类新知，用望远镜看看还有什么新发现。

　　水八仙是江南水乡湿地所孕育的特别物产，分别是八种江南常见水生作物的可食用部分。你认识它们作为植物本来的样子吗？
　　第一行（右图从左到右）：华夏慈姑（茨菰）、菰（茭白）、莲藕；第二行：荸荠、欧菱（菱角）；第三行：莼菜、芡实、水芹。

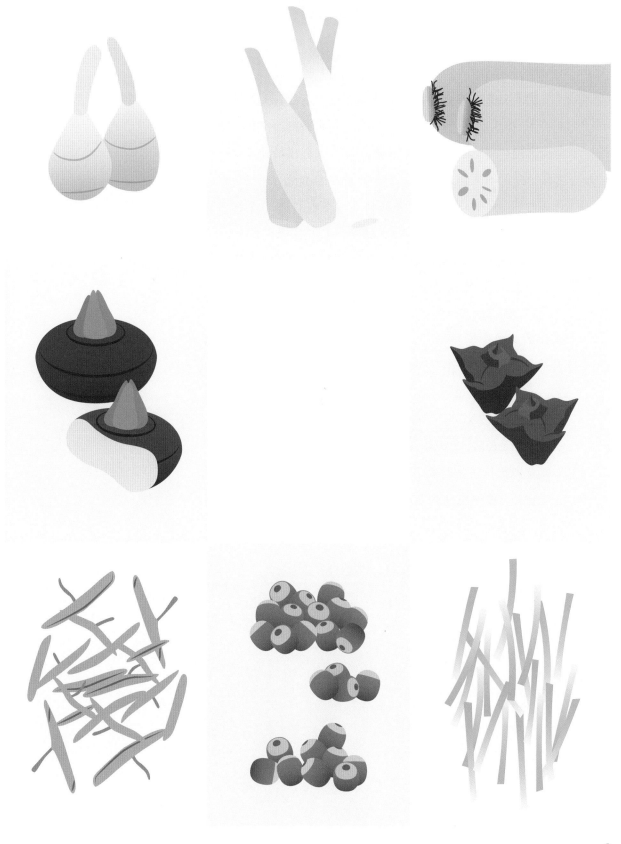

很多人会好奇公园密林中的小木屋,忍不住在小径上张望:哦,自然教育老师们又在讨论有趣的新内容了!在这片自然湿地中,他们总是能将同里国家湿地公园的故事以一种更接地气的方式讲述出来。这意味着观察自然、理解自然、讲述自然是一种连续而完整的体验,当我们通过这种方式接近自然时,保护自然的心愿已经悄悄扎根下来。

湿地提供给你的启悟有时还会延伸到你的校园、家庭、社区的观察之中,在四季变幻中,在安全的情况下,用皮肤去感受那些植物,重新激活你的"自然感官"吧!看看窗口的那棵树的四季是怎样的,它的胸径有多粗?清晨,哪只鸟总在上面啁啾,它的音节是怎么样的?

除了喜爱、记录同里国家湿地公园与身边的自然,在日常生活中,身体力行保护自然的事情还有不少:比如,保护水源,不向河道乱丢垃圾,节约用水,把垃圾放在对的地方等。

我们相信同里国家湿地公园是自然之旅的启悟场所,从这里出发,你会感受到近在咫尺的植物、鸟类、昆虫,试着倾听,它们将向你绽放出自然絮语:不说"孤立",而说"关联";不说"争夺",而说"共存"。

现在,让我们带上好奇心与发现力,背上行囊,一起走进江南的湿地吧!

第一行(右图从左到右):华夏慈姑(茨菰)、菰(茭白)、莲;第二行:荸荠、欧菱(菱角);第三行:莼菜、芡、水芹。

同里湿地的四季

游隼

三月,湿地慢慢恢复生机,拟鼠麹草一簇簇冒出嫩芽,岸边的宝盖草风风火火开了一大片,迎接长途跋涉而来的鹭鸟。

罗纹鸭

绿翅鸭

大白鹭

鸳鸯

芦苇

水葱

小白鹭

五月，湿地的水岸一片忙碌，江南的野花们次第开放，黑水鸡妈妈带着宝宝们穿过水葱丛去觅食，水雉和棉凫在荷叶间若隐若现。

四月是踏春出行的时节，成群的罗纹鸭如风似的飞向北方，鸻鹬们在这里短暂停留，养足精力后也将踏上迁徙之旅。

芦竹

雉鸡

黑水鸡

石龙芮

莲

黑翅长脚鹬

水葱

水蕨

白胸苦恶鸟

丁香蓼

繁缕

107

绿翅短脚鹎

棕脸鹟莺

白头鹎

栲(香樟)

拟鼠麴草

珠颈斑鸠

刺猬

海州常山

倍蜒

水雉

六月渐热，魔术林里的鸟儿们热闹起来，珠颈斑鸠从林间飞过，白头鹎在枝头唱着情歌。

通泉草

黄鹌菜

七月，阳光穿过茂密的枝叶，给野花洒上点点光斑。乌鸫在枝头跳跃，时而发出轻快的鸣叫。

八月的水杉林是鹭鸟的天堂，小白鹭在巢中等待父母的喂食。白鹭和夜鹭就像是森林里最默契的邻居，它们早晚轮流站岗、觅食，配合无间。

池鹭

黑尾蜡嘴雀

灰喜鹊

华南兔

白鹡鸰

紫苏

白花鬼针草

蒲公英

牛背鹭

黑鹳

银杏

华夏慈姑

九月，芡实肥厚的叶子铺满池塘，它的果实成熟了，鸬鹚们不约而同地回到这里，高空中有红隼在巡视自己的领地。

十月，同里的银杏换上灿烂的黄色，黑水鸡家族在湿地里嬉戏，成群的须浮鸥和白翅浮鸥在空中飞舞，澄湖边的池塘是它们最喜欢的餐厅。

十一月，北风为湿地送来了越冬的稀客，最为典型的是卷羽鹈鹕、罗纹鸭和鸳鸯。

红隼

宝兴歌鸫

菰（茭白）

芡实

乌灰鸫

黑水鸡

十二月，澄湖迎来一年中最热闹的时刻，成群的罗纹鸭、绿头鸭在此越冬，湖边的芦苇丛则成为雀鸟们的乐园，比如，棕头鸦雀、棕扇尾莺和红颈苇鹀。

一月，冬雪有时会降临这片大地，澄湖上时而传来秋沙鸭踩水飞起的声音。成群的红嘴鸥飞在空中，夕阳下的剪影化作一道美丽的曲线。

红颈苇鹀

林鹬

卷羽鹈鹕

普通秋沙鸭

红嘴鸥

二月，万物孕育待发，湿地快要开始新一年的轮回，这是土地、水和生命演绎的自然故事，欢迎您来到同里国家湿地公园。

互动游戏
记录下你遇到的第一只鸟

　　湿地是众多鸟类生活的地方。夏天的池塘边，高高的芦苇遮住步道，黑水鸡是这里常年的住客；多数季节，白鹭是公园里最常见的鸟类。不妨再抬头看看天际，有没有发现其他鸟类飞翔的身影？

　　从进入湿地公园开始，不妨让脚步慢下来，降低说话的音量，专心地聆听和观察。离开公园的时候，记得告诉我们你看到的第一种鸟，或者在右边的白板上画下它的肖像。

黑水鸡

小白鹭

记录下你遇到它/它们的时间

＿＿＿＿＿＿＿＿ : ＿＿＿＿＿＿＿＿

你当时在哪儿?(请写出周遭的环境特征。)

＿＿＿＿＿＿＿＿＿＿＿＿＿＿＿＿＿

你跟它/它们有多远?圈出正确的答案?

可触碰距离	2米	5米	很近	总之就在附近	离得比较远

数量超过一只吗? 是 / 否

如果是,有几只? ＿＿＿＿＿＿＿＿

你能写下它的名字吗?

＿＿＿＿＿＿＿＿＿＿＿＿＿＿＿＿

它正要干什么去呢?你听到它的鸣声了吗?

＿＿＿＿＿＿＿＿＿＿＿＿＿＿＿＿＿＿＿＿

写下一句你想跟鸟说的话,表述你听/看到它(们)之后的心情。

＿＿＿＿＿＿＿＿＿＿＿＿＿＿＿＿＿＿＿＿

参考文献

丁金龙. 长江下游新石器时代水稻田与稻作农业的起源. 东南文化, 2004 (02): 19-23.

高燮初, 金煦, 陆志明. 吴地农具. 南京: 河海大学出版社, 1999.

汉声编辑室. 苏州水八仙. 上海: 上海锦绣文章出版社, 上海故事会文化传媒有限公司, 2012.

瞿文川, 薛滨, 吴艳宏, 等. 太湖14000年以来故环境演变的湖泊记录. 地质力学学报, 1997 (04): 53-61.

田锡全. 长江三角洲的米粮贸易: 变动社会中的传统商业 (1927-1937). 上海: 华东师范大学, 2006.

同里镇志编纂委员会. 同里镇志. 江苏: 广陵书社, 2007.

王建革. 水乡生态与江南社会 (9~20世纪). 北京: 北京大学出版社, 2013.

王先良. 凤头䴙䴘的爱情故事. 森林与人类, 2018 (06): 25-36.

Zhongru Gu, Shengkai Pan, Zhenzhen Lin, et al. Climate-driven flyway changes and memory-based long-distance migration. Nature, 2021(591): 259-264.